包容

陈晔 编著

身边的创意环保手提纸袋

包万象 容天下

它是大千世界的方寸，点缀着多姿多彩的生活。

它是繁华都市的缩影，承载着传播文化的重任。

它是时尚流动的风景，领引着时代潮流的创新。

它是倡导环保的先锋，肩负着宣扬文明的使命。

甘为"绿叶"，甘做"使者"。

包容着过去与未来，

包容着传统与现代，

包容着世间万象。

序

让我们来解读身边的环保手提纸袋

由于从事设计的原因，我喜欢收集各种各样好的包装。近十年来，有机会经常出国考察，在购买商品的同时也收集了不少购物袋，其中环保手提纸袋特别引起我的兴趣。

环保手提纸袋以可循环的纸张和环保型水性油墨以及制作工艺，牢固而可重复使用的功能，大批量制造，低成本等特色，得到大企业、大品牌的认同。通过他们的使用，环保手提纸袋向消费者和社会传播环保理念，即"改良化Reduce"、"再利用Reuse"、"再循环Recycle"的"三R"原则。使用环保手提纸袋已成为现代社会的趋势和时尚，环保理念也成为当今设计的时代标准。

纵观国外优秀纸袋设计，解开它们的设计密码，得出设计中的三个一致，即：环保理念与品牌形象一致；"以少胜多"的设计法则与视觉美观的一致；功能利益与经济利益的一致。环保手提纸袋的价值正在于此。

编者长期关注和重视环保手提纸袋的设计与发展趋势，在教育实践中带领学生多次参与手提纸袋的主题设计活动，收集了大量的国内外优秀作品，并对环保手提纸袋的设计要领、制作工艺及材料做了深入的研究。本书刊登的内容，无论对有关企业的品牌宣传与提升，对从事包装设计的年轻设计师们，都有一定的学习和参考价值。

赵佐良

国家高级工艺美术师，享受国务院特殊津贴专家
国际商业美术师协会A级资质设计师（ICADA）
中国包装技术协会设计委员会常委

导 言

手中的风景

■ 何时起，商业街上，摩登女郎们手中的购物袋成了这座城市流动的风景线？点点色彩包裹着浓浓新意，展示着流行与魅力，它是经典的回味、时尚的前沿、身份的象征。

■ 人们对工业高度发达的负面影响预料不及，导致了全球性的资源短缺、环境污染乃至生态破坏。如果要问这个时代最热门的词语是什么？——环保。这个曾经遥不可及的字眼，越来越频繁地出现在我们的周围，融入我们的生活。

■ 冬去春来，自然的轮回对万事万物是一种激励，也是一种力量。历经了一个又一个四季轮回的我们，每年收获了什么？新的岁月中我们的期望与梦想又是什么？

■ "引领潮流，成为时尚先锋"，是我们每一位设计师的梦想。如今，我们更倡导合作的企业主与我们共同成为"自然之友"，有意识地保护我们的大自然，合理利用自然资源，协调人与自然的和谐关系，这是责任与使命。

■ 当环保与时尚相遇，会产生怎样的"效应"？答案就在你我的手中。

■ 造就流行，成就品牌。在时尚风行的时代，环保手提纸袋正演绎着环保与时尚结合的故事，它们仿佛述说着城市的进步与变化。在此我们回顾着环保手提纸袋的过去，记录着现在，更憧憬着未来。希望精彩化作永恒，更希望将感悟常留于心。

■ 新意，风潮涌动；经典，永恒于心。风景，在手中，更在你我的心中……

Contents

目 录

1
ONE

什么是 100% 的环保手提纸袋

　　手提袋历来是商品销售环节中不可缺少的组合型包装。不论食品、服装、小家电的销售首先要有一个独立的商品包装，从商家销售到顾客将商品携带回家，也需要有一个方便携带、不失体面的外包装，而手提袋就是其中的主要销售包装形态之一，它是贩卖商品、组合物品、互赠礼品时最常用的流动外包装。

　　多少年来，中国销售市场一直沿用的手提袋多为塑料袋或是覆塑纸袋，由于此类手提袋在生产加工方式及包装废弃物的回收处理等方面存在隐患，随意丢弃后更会造成一定的环境污染。2007 年底，我国国务院办公厅下发了《国务院办公厅关于限制生产销售使用塑料购物袋的通知》，简称"限塑令"。通知规定"从 2008 年 6 月 1 日起，在全国范围内禁止生产、销售、使用厚度小于 0.025 毫米的塑料购物袋"；"自 2008 年 6 月 1 日起，在所有超市、商场、集贸市场等商品零售场所实行塑料购物袋有偿使用制度，一律不得免费提供塑料购物袋"。

　　"限塑令"旨在提倡人们尽量少用塑料袋，减少白色污染，共同保护环境，但作为商品销售，手提袋已是商品流通中不可缺少的销售包装形态。于是在"限塑令"的指导下，新颖、实用又环保的手提纸袋逐渐得以重视和推广。部分制袋企业抓住契机，引进国外成熟的生产工艺和优质纸材，开发了各种类型的手提纸袋品种，并采用柔性印刷工艺、水性油墨和环保粘合剂，使整个手提纸袋符合轻量化、薄型化、易分离、高性能以及可回收、可降解、可食性、可再生的要求。与此同时，还有企业专门设立了食品级的专用包装生产线，因而环保手提纸袋逐渐得到了国内外众多著名品牌的认可和选用。

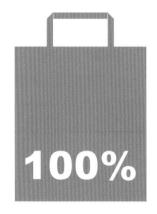

100% 环保手提纸袋

　　纸袋，是我们日常生活中经常使用的物品，按照其袋边、底部结构及封底方式不同，有开口缝底袋、开口粘合角底袋等纸袋型式。一般根据被包装物品的体积、性能等选用不同的纸袋型式。为了便于提携，根据不同的开口款式出现了配有手柄的纸袋，因而称为"手提纸袋"。

　　手提纸袋也有许多规格和尺寸，大多数手提纸袋是长方形的，它是依据纸张的常规合理开张及收纳的方便而进行制作，形状较规范。

　　纸张本身具有的可降解、可回收利用的特点，给手提纸袋标有绿色环保标签，但并不是所有的手提纸袋都是能够回收并降解的。

　　十多年前，市面上绝大多数手提纸袋使用的纸材多为铜版纸或卡纸，经过胶版印刷后表面覆上一层光亮或亚光的塑料薄膜，然后人工折叠并用普通白胶粘合袋身。将袋身打孔，再将尼龙绳手柄穿过打结，利用结头卡住纸袋，以后又改进为铝制轧头。此类工艺制作，虽生产工艺较为简单，但因需要人员后期加工，生产周期难固定，袋形也时有偏差，并且承物时手柄结头易松开或是拉破纸袋绳孔、袋底容易脱胶，常有脱底、脱把的现象出现，导致所装商品散落一地，更可能使商品损坏，造成极大的损失。

　　传统纸袋多数为了补强其韧度或防水功能，在袋体表面覆以塑料薄膜，这不但对人体健康会有某些危害，还会对纸的正常分解造成影响。此外许多造纸厂的纸张生产仍然是使用天然原始森林为主材料，过量生产，导致树木大量砍伐，带来生态环境的破坏。

　　本书所谓的"100% 环保手提纸袋"就是指袋体、手柄所用纸张均采

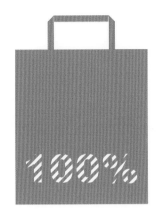

用人工自植林制浆生产的白色、黄色牛皮纸或再生纸，袋体表面的图案或手柄印刷选用环保级水性油墨通过柔性版印刷而成，制袋粘合剂达到环保级标准。手提纸袋的加工是采用品质稳定交期迅速的全自动制袋机生产，手柄为直立纸制、棉制绳圆手柄，或可折叠方形纸手柄，不打孔无绳结，以一片牛皮纸用环保树胶粘合剂将手柄固定于纸袋上。从印刷、折叠、粘合、贴手柄由机器一气呵成，一体成型。环保级白乳胶粘合剂相比传统白胶粘合力强，干燥迅速，粘贴准确而漂亮。新的生产工艺基本解决了传统工艺中脱底、脱把的问题，完全可满足相应商品的承载需求。手提纸袋整体结构被强化，同时也环保无污染，更可整体直接降解。纸袋在生产与使用过程中对环境及人体无伤害，使用后的纸袋整体也可100%回收再生或降解。

　　100%环保手提纸袋的使用与推广是一种趋势、一种时尚，更是一种社会的责任，当我们在向社会提供物质文明的同时，更需要向社会提倡一种精神文明。

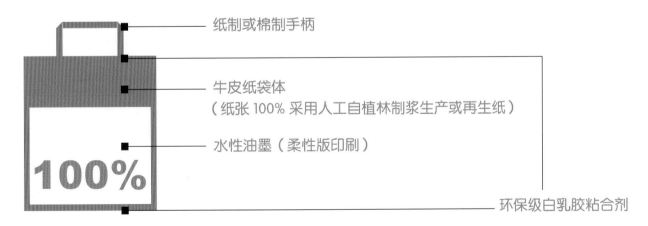

纸制或棉制手柄

牛皮纸袋体
（纸张100%采用人工自植林制浆生产或再生纸）

水性油墨（柔性版印刷）

环保级白乳胶粘合剂

100%

环保手提纸袋展开图及常规尺寸

以常规型手提纸袋为例：

纸袋宽度：180～460mm，纸袋侧宽：60～160mm，

纸袋高度：270～580mm，纸张厚度：约100～180克。

纸袋粘合边一般为25mm。

手柄选择：纸质或棉质的圆柄；纸质可折叠方柄。

纸袋制作尺寸，要尽量符合纸张开数，节约成本。

纸张丝向要与纸袋"高"平行，有利于纸张折型。

纸袋顶边如需内折，一般为：60mm，用以强化手柄固著力。

纸袋口建议使用齿轮型切边，防止纸袋使用时手被纸边划伤。

纸袋袋体展开图（以320×115×420mm尺寸的纸袋为例）：

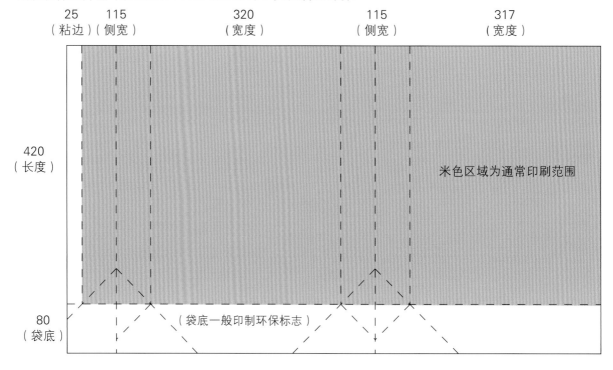

25 （粘边）	115 （侧宽）	320 （宽度）	115 （侧宽）	317 （宽度）

420
（长度）

米色区域为通常印刷范围

80
（袋底）　　（袋底一般印制环保标志）

常规型手提纸袋数据一览表：

尺寸（毫米 mm）			纸张（克 g）						手柄			底衬	
宽度	高度	侧宽	80	100	120	150	180	200	圆	方	无	有	无
460	500	170	×	○	○	○	○	×	○	×	×	○	○
450	450	130	×	○	○	○	○	×	○	×	×	○	○
400	420	120	×	○	○	○	×	×	○	×	×	○	○
38	400	120	×	○	○	○	×	×	○	×	×	○	○
360	380	120	×	○	○	○	×	×	○	×	×	○	○
450	400	120	×	○	○	○	×	×	○	×	×	○	○
400	350	120	×	○	○	×	×	×	○	×	×	○	○
340	450	115	×	○	○	×	×	×	○	○	×	○	○
320	420	115	×	○	○	×	×	×	○	○	×	○	○
320	300	115	○	○	○	×	×	×	○	○	×	×	○
260	310	100	○	○	○	×	×	×	○	○	×	×	○
280	370	110	○	○	○	×	×	×	○	○	×	×	○
240	290	100	○	○	○	×	×	×	○	○	×	×	○
220	270	100	○	○	○	×	×	×	○	○	×	×	○
180	240	100	○	○	○	×	×	×	○	○	○	×	○
180	300	100	○	○	○	×	×	×	○	○	○	×	○
160	240	80	○	○	○	×	×	×	×	○	○	×	○
135	220	60	○	○	○	×	×	×	×	×	○	×	○

○ 表示可选用；× 表示不推荐

环保手提纸袋生产中选用的材料与工艺

纸浆 Paper pulp

以植物纤维为原料，经不同加工方法制得的纤维状物质。可根据加工方法分为机械纸浆、化学纸浆和化学机械纸浆；也可根据所用纤维原料分为木浆、草浆、麻浆、苇浆、蔗浆、竹浆、破布浆等。又可根据不同纯度分为精制纸浆、漂白纸浆、未漂白纸浆、高得率纸浆、半化学浆等。"100% 环保手提纸袋"制袋常用的牛皮纸纸浆属于制造方法为化学浆的硫酸盐针叶木浆。

目前世界纸浆总产量的 90% 以上原材料来自木浆，我国的木材资源远不能满足日益发展的制浆造纸工业的需要。为了弥补原料的不足，每年要从国外进口相当数量的纸浆。但近几年在从中央到地方各级领导部门的重视下，我国的造林绿化、林业发展和生态建设取得了令人瞩目的成就。联合国粮农组织（FAO）发布的《2010 年全球森林资源评估报告》中充分肯定了中国在这一领域所作出的贡献。报告显示，"亚洲地区森林面积出现了净增长，主要归功于中国近年来在无林地上实施了大面积造林。"

木浆 Wood pulp

以木材为原料制成的纸浆，根据制浆材料大体分为阔叶林木浆与针叶林木浆。

牛皮纸 Kraft paper

牛皮纸采用硫酸盐针叶木浆为原料生产的纸，柔韧结实、耐破度高，

环保手提纸袋生产中选用的材料与工艺

较一般纸张具有坚韧性和耐水性，常用作包装材料。由于这类纸的颜色通常呈黄褐色，材质坚韧很像牛皮，所以国人把它叫做牛皮纸。

牛皮纸多为卷筒纸，也有切成常用平板纸规格的。根据材质与用途不同，更有原色牛皮纸、白牛皮纸、平光牛皮纸、双色牛皮纸、再生牛皮纸等多个种类。

再生纸 Recycled paper

再生纸是以回收的废纸为原料，经过筛选、净化、打浆、抄造等多道工序生产出来的纸张。其生产过程中不添加任何增白剂、荧光剂等化学制剂的特点，使得再生纸不反光，纸张色泽微黄，对人们的眼睛起到了保护作用。许多发达国家早在十几年前就已经常态化使用再生纸作为办公、学习用纸。

再生纸的原材料 80% 为回收废纸，所以被誉为低能耗、轻污染的环保用纸。随着人们环保意识的增强，再生纸制品越来越得到人们的认可和欢迎。但由于目前再生纸生产过程中成本比原木浆纸的成本高，售价就比普通纸张略贵，在推广上会遇到一定阻力。

粘合剂 Bonding agent

粘合剂是具有粘性的物质，借助其粘性能将两种分离的材料连接在一起。粘合剂是包装作业中重要的辅助材料之一。粘合剂的种类很多，通常 100% 环保手提纸袋采用的粘合剂为环保型 BW–505 白乳胶。它是以水为分散介质进行乳液聚合而得，是一种水性环保胶。它也是目前用途最广、用量最大的粘合剂品种之一。

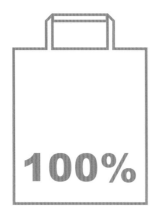

环保手提纸袋生产中选用的材料与工艺

水性油墨 Water-based ink

水性油墨简称为水墨，它主要由有机颜料、水溶性树脂、表面活性剂及相关助剂经复合研磨加工而成。由于它是用水来代替传统溶剂型油墨中占 30%～70% 的有毒有机溶剂，使油墨中不再含有挥发性的有机溶剂，故在印刷过程中对工人的健康无不良影响，对大气环境亦无污染，还消除了工作场所易燃易爆的隐患，提高了安全性，更使得印刷品表面残留的有毒物质大大减少。水性油墨特别适用于食品、药品、儿童玩具等卫生条件要求严格的包装印刷产品上，其在光泽度、耐候性、耐热性、耐水性、耐化学性和耐污染性等方面均具有显著的优势，是唯一经过美国食品药品协会（FDA）认可的油墨。

水性油墨还有减消耗、降成本的特点。水性油墨只用清水便可稀释，而且是印前一次性加入，在印刷过程中，它不会因为粘度的变化而引起颜色的变化，更不会像溶剂型油墨那样，因印刷途中需加入稀释剂会产生废品，这就大大提高了印品的合格率，减少了废品的出现。一般印刷相同数量和规格的印刷品，水性油墨的消耗量较溶剂型油墨少了约 10%。不仅如此，由于印刷后需要经常清洗印版，使用溶剂型油墨印刷，需要使用大量的有机溶剂清洗液，而使用水性油墨印刷，清洗的介质则主要是水。相比之下，水性油墨的使用成本比溶剂型油墨的使用成本大约节省了 30% 左右。从资源消耗的角度看，水性油墨更加经济与环保。

水性油墨的这种独特优点符合日益严格的环保法规和当今世界提倡的节约型社会的主题，也越来越受到包装印刷界的青睐，并逐渐向全印刷行业迅速扩展。为了下一代的健康，2013 年起我国中小学教科书已开始推广使用水性油墨印制。

环保手提纸袋生产中选用的材料与工艺

柔性版印刷 Flexographic printing

柔性版印刷，简称柔版印刷或柔印，是包装印刷中常用的一种印刷方式。

柔性版印刷是使用感光树脂版，通过网纹辊传递油墨的印刷方式，油墨转到印版滚筒的用量通过网纹辊进行控制，印刷表面在旋转过程中由压印滚筒施以印刷压力，将印版上的油墨与承印材料接触，从而转印上图文，最后经干燥而完成印刷过程。柔性版最早是用于印刷表面非常不均匀的瓦楞纸板，因其具有很好的柔性与足够的深度、印版表面与纸板保持接触的同时纸板上无需印刷的高点不会印上印版上残余的油墨。

柔性版印刷多采用水性油墨，对环境无污染，对人体无危害，符合环保、绿色的印刷理念，因此柔性版印刷常被称为"绿色印刷"。

柔性版印刷具有以下特点：

1) 柔性版印刷使用水性油墨，对环境保护有利；

2) 柔性版是具有柔软、可弯曲、富于弹性的特点，增强了印墨的传递性能；

3) 柔性版印刷的承印材料非常广泛；

4) 柔性版印刷层次丰富、色彩鲜艳柔和，并且具有饱满的墨层厚度，其效果高于平版胶印；

5) 柔性版印刷通常采用卷筒型材料，工序一次连续作业完成。生产效率高、低成本、印刷周期短，使用户在竞争激烈的市场中占据优势；

环保手提纸袋生产中选用的材料与工艺

6) 柔性版印刷制版周期短，易运输，费用比凹印低得多。虽然制版费用高于胶印 PS 版数倍，但可以在耐印率上得到补偿，因为柔性版的耐印率在 50 万印到几百万印，而胶印版耐印率为 10~30 万印。因此柔性版的耐印率使其更适合印刷数量较多的产品；

7) 柔性版印刷机采用网纹辊输墨系统，与胶印机相比省去了复杂的输墨机构，从而使印刷机的操作和维护大大简化，输墨控制及反应更为迅速。柔性版印刷速度一般为胶印机和凹印机的 1.5~2 倍，实现了高速多色印刷；

8) 现代柔性版印刷机具有传墨路线短、传墨零件少，加上柔性版印刷机印刷压力极轻等优点，使得柔性版印刷机结构简单，加工所用的材料节省许多，所以机器的投资远低于同色组胶印机；

据统计，在美国，柔性版印刷的市场份额在软包装印刷领域占 70%；在标签印刷领域占 85%；在瓦楞纸印刷领域占 98%；在纸盒印刷领域占 25%。在欧洲也分别占到了 60%、35%、85% 和 2%。在美国甚至有 20% 的报纸也是用柔性版印刷的。这些数字足以证明柔版印刷的生命力和发展前景。

100%

环保手提纸袋生产中选用的材料与工艺

柔印与胶印的区别

	柔 印	胶 印
印刷形式	凸版印刷	平版印刷
制 版	柔性树脂版，5 小时 / 块	感光 PS 版，10 分钟 / 块
制版成本	约 1000 元 / 块	约 100 元 / 块
耐印率	50-100 万次 / 块	10-30 万次 / 块
图文精度	50-150LPI （LPI 指 Lines Per Inch 表示分辨率以每英寸上等距离排列多少条网线）	150-175LPI
油 墨	环保水溶性油墨	抗水性油墨
印刷压力	2kg/cm	4-10kg/cm
印刷毒性	无毒、无污染，完全符合绿色环保的要求，也能满足食品包装的要求。	有 毒
适应产品	实地印刷，油墨层饱满；适合食品包装、制袋等长单。	网线高、图案清晰、层次丰富;适合画册、书刊等短单。
印刷机型	轮卷机	平版机或轮卷机
常用纸张	牛皮纸、瓦楞纸等	胶版纸、铜版纸、轻质纸等
发 展	精准度提高	环保型大豆油墨的推广使用

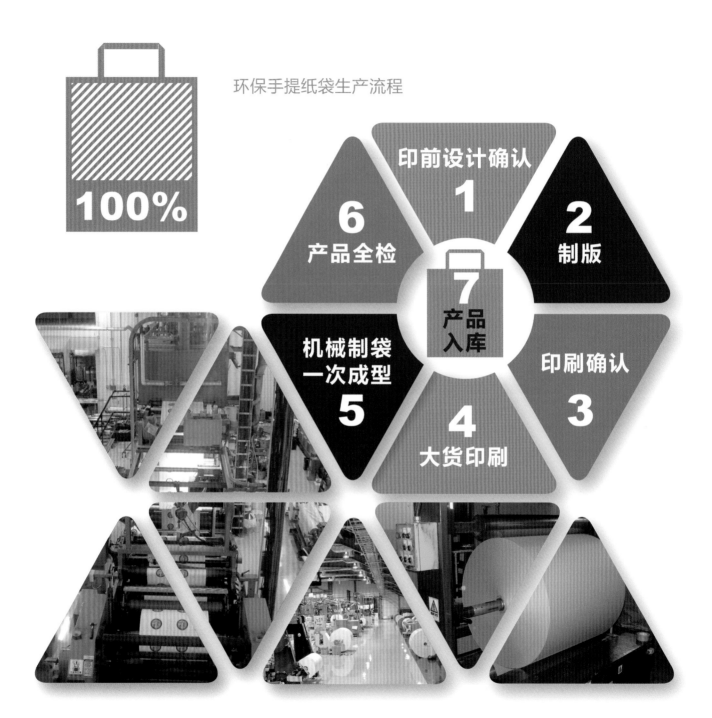

环保手提纸袋生产流程

100%

印前设计确认 1

2 制版

6 产品全检

7 产品入库

机械制袋一次成型 5

印刷确认 3

4 大货印刷

森林管理委员会标志

FSC 认证

　　森林管理委员会 (FSC)，英文全称：Forest Stewardship Council，是一个非政府、非营利组织。它成立于 1993 年，其发起者为国际上一些希望阻止森林遭到不断破坏的非政府机构、环保人士、管理森林的人、木材贸易组织、用木材制作产品的企业及具有社会责任感的消费者等。

开展森林管理以合理保护森林，合理利用森林。

为培育森林的当地社会经济发展做贡献。

在流通加工阶段就确保使用认证木材的系统。

由第三方机构负责运用情况的监督。

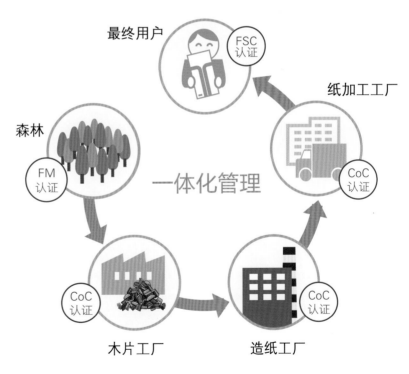

最终用户　FSC 认证

纸加工工厂　CoC 认证

森林　FM 认证

一体化管理

木片工厂　CoC 认证

造纸工厂　CoC 认证

图片选自王子 (OJI) 集团 2011 社会环境报告书

2
TWO

环保手提纸袋的设计方法

生活中的手提纸袋不但为购物者提供方便，而且使企业形象与商品广告策略得以延伸。由于各大企业对品牌形象和广告效应越来越重视，一般的白包装或通用包装已不能满足企业提升品牌的需求。体现个性化、品牌感的手提包装受到了市场的钟爱。纵观国外消费市场，手提纸袋比比皆是，各种造型应有尽有。常规型、促销型、节日型、纪念日型，每款都能满足消费者的需求。另外，在包装的图案设计上，商家或企业也费尽心思，在遵循企业或品牌的视觉系统规范基础上不断将品牌的标志强化、图案化，让人一目了然，颇具视觉冲击力。设计精美、质量牢固、品牌附加值高的手提纸袋会令消费者爱不释手，也会让他们乐于反复拿来使用，纸袋上醒目的商标或广告在重复使用中得到了又一次的推销，从而提高了包装的使用率和企业品牌的推广效应。手提纸袋成为了价廉物美的流动广告媒体，同时也是宣传文化、引导潮流的媒介。因此，设计和制作手提纸袋，必需讲究色彩、文字、图形三要素合理搭配，做到精致美观，同时更要符合手提纸袋的实际功能性，环保、耐用、可降解。

100% 环保的手提纸袋通常采用的是凸版印刷中的水性油墨、柔版印刷工艺，由于其使用的是感光树脂版、环保型油墨，不仅墨色准确、饱和，而且印后画面鲜亮、均匀，无需上光。由于工艺的特殊性，柔性印刷对画面的设计有一定的规则与要求。纵观历年来一些成功的环保手提纸袋设计，均是结合了手提袋设计中的配色、图形文字组合的视觉规律，并充分发挥了柔性印刷的工艺特长，巧妙构思，让柔印技术发挥至淋漓，使环保手提纸袋的设计得到提升。

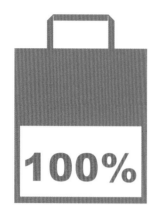

环保手提纸袋设计中的色彩表现

在我们在辨别物体时，首先吸引人们注意的是色彩，其次是图形与文字。色彩设计，通常也称颜色搭配。绚丽多彩的生活中有千变万化的色彩搭配，它们呈现着各式各样的视觉效果，给人们完全不同的视觉体验。

通常色彩是没有情感的，色彩感觉仅仅建立在人们视觉感官的生理基础上。许多源于自然的颜色，如天空的蓝色、太阳的金色、土地的黄色、血液的鲜红色等，当人们看到这些与大自然色彩相同的颜色，就会联想到与自然物相关的感觉体验。因此，设计中运用了合理的色彩表现，人们在接受色彩刺激时便会产生丰富的生理与心理的情感反应，影响精神状态和心绪，从而达到传递的目的。

一、色彩基本要素

色彩有各式分类与不同的名称表达方式，而我们通常用 1905 年由孟塞尔（Albert H. Munsell）孟塞尔颜色系统（Munsell color system）所解释的色彩基础，将色彩分为："色相"、"明度"、"纯度"三大要素。

1. 色相（Hue）

色相是颜色的第一特征，是色彩之间相互区别的首要标志。在孟塞尔颜色系统中经度代表了色相。色相环中以三原色无法混色而成的色彩红（R）、黄（Y）、绿（G）、蓝（B）、紫（P）5 种色彩为基础，再加上 5 种中间色彩红黄（YR）、黄绿（GY）、绿蓝（BG）、蓝紫（PB）、紫红（RP），形成 10 种颜色的纯色，这成为色相的基本形式。

在色彩的冷暖感觉上，通常接近蓝色色相的颜色被人们称为"冷色

系颜色"，"暖色系颜色"则是以红色为中心的色相，位于前两者之间的为"中性色"。暖色可以使人们联想到火焰、太阳、成熟果实等事物，所以会给人们温暖、美味、充满活力等感觉；而冷色，会让人想到湖水、寒冰等，使人感到沉静和冷酷。

2. 明度（Value）

明度是指色彩的明暗程度，孟塞尔颜色系统中南北上下轴代表着明度，通常人们以明度的"高"与"低"来表示明度差。色彩中最亮的颜色是白色，而最暗的色彩是黑色。设计中可通过改变色彩的明度来改变原纯色带来的效果。高明度的色彩会带来轻快、活力；低明度会增加色彩的凝重感。

3. 纯度（Chroma）

纯度指色彩的鲜艳程度，通常也称为饱和度。孟塞尔颜色系统中距轴的距离，色彩的纯度从中间轴向外增加。纯度越低颜色越暗沉，纯度越高颜色越鲜艳。同一色相色彩纯度发生细微的变化，会带来色彩性格的变化。

二、手提纸袋的色彩设计

颜色的识别性强于图形和文字，正因如此，选择正确的色彩表现在手提纸袋的设计步骤中尤为重要。

1. 使用商品形象色彩

有些手提纸袋，一看色彩便知道是什么类别的商品，这是因为它使用了商品的形象色作为主色调。由于形象色有较强的直观性，所以便于消费者识别商品。

各类商品在消费者心目中一般都会有着根深蒂固的"概念色"和"惯用色"。通常，外包装的色彩与商品的属性及品牌定位有着相互依存的内在联系，其直接影响着消费者对商品的第一印象判断。如有些色彩，会给人以甜、酸、苦、辣不同的味觉感，如食品类的咖啡、面包、糕点等产品的手提纸袋，通常会选用红色、奶油色、驼色、褐色等引起食欲又使人感觉"甜蜜、温暖"的暖色系形象色彩；女性用品的纸袋色彩，常以"柔和、淡雅"为形象的高明度柔和色为首选；儿童用品的纸袋则会选用纯度明度两者皆偏高"童稚"形象的色彩。

2. 使用品牌规范色彩

手提纸袋是商品包装的附属品，也是宣传品牌、让消费者熟悉品牌的媒介。因此，手提纸袋的色彩设计应配合企业或品牌的视觉识别系统中的色彩规范，使消费者通过色彩识别能力来巩固品牌的记忆力，这也是竞争品牌或同一品牌不同系列彼此寻找差异的主要因素。如在世界知名碳酸饮料中，可口可乐的红色、百事的蓝色，以及阿迪达斯旗下代表三条纹系列的黑色、代表三叶草系列的蓝色、代表时尚生活系列的绿色，均是利用色彩来扩大彼此的差异，增进了各自独特的视觉作用，从而塑造强烈的视觉冲击力与辨认度。

3. 使用合适的色彩搭配

设计与艺术最大的区别在于设计的目的是解决问题，使受众容易理解并有效传达信息才是设计的最重要的目的，手提纸袋的色彩搭配必须依据色彩学规律及所需表达的视觉效果进行合理配色，不能凭个人的偏好。

1）协调的配色设计

协调的配色会使观者产生安心的感觉，借助色彩的三大要素之间的

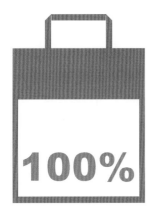

关系及应用技巧，从而让配色达到协调统一，成为高品位的色彩搭配。

a) 在设计搭配中如果选用的颜色在色相、明度、纯度中有一项一致，整体画面就会得到良好的平衡，并表现出一种统一感。

b) 在互相冲突的色彩中加入适当的黑色、白色、灰色或两色之间的中间色，既不破坏色彩风格又能起到协调作用。

c) 选择适当的色彩数量，使用的颜色数量越少越能衬托出个别色彩，有时甚至可大胆使用单色设计，这不但节约生产成本也不会造成视觉乱象。

2) 特异的配色设计

给人强烈的第一印象是户外广告设计的首要准则，特异的配色设计是吸引受众目光的方法之一。手提纸袋是商品的附加外包装，当人们使用时其也像流动的户外广告一样。

a) 在设计搭配中如果选用的颜色在色相、明度、纯度中有一项对比，画面就会增加可辨识度和整体华丽感，给受众留下配色亮眼的印象。

b) 使用色彩之间的面积对比或是扩大底色的面积，从而增加了色彩的浓厚感和诱引性，增强了画面的节奏感和整体冲击力。

特异的配色设计法则与协调的配色设计法则并不矛盾，而是互补。色彩的搭配应在画面整体协调的前提下再强调其中某一部分的配色，在使用特异的配色设计时，除了想要强调那部分外，其他的颜色搭配应维持协调的配色设计法则。

3) 色彩的角色定位

在配色规则中，色彩应该扮演好各自的角色，传递准确信息。好的画面是具有戏剧性的，而色彩的搭配也像戏剧中的角色一样，有"主角色、配角色、环境色"之分。运用特异的配色设计法则，"主角色"应该是画

面中最醒目最容易辨识的色彩，人们通过其和对应的图形来传递最重要的信息。"配角色"的运用是为了衬托主角色，配角色的色相一般与主角色成补色关系，明度、纯度接近，面积略小。"环境色"一般指大面积的背景颜色，相同的主角与配角色在不同的环境色衬托下，会给受众完全不同的视觉感受，从而传递出差异的理念。

4. 利用材质的原色搭配

巧妙地利用材质原色的设计有时也能达到与众不同的效果。黄牛皮纸是环保手提纸袋的纸张原料之一，亚光的黄褐色纸张本身给人一种纯真、简洁、质朴、怀旧的感觉，适合此类形象定位的品牌就会直接选用纸本色作为手提纸袋的"环境色"。此外，如果在黄牛皮纸上整版印制白色油墨，仅留出标志图形为纸本色。纸张原色成为了"主角色"，在大面积白色包裹下的黄褐色在视觉上会显示出金色质感。如此巧妙的设计，既节约了印金的成本，又提升了包装的视觉档次。

5. 利用印刷中的陷印技术生成的叠色

柔性印刷在套准精度上比胶印稍逊色，由于柔性版的延伸性会产生误差，所以常用陷印技术来解决。陷印又称扩缩，主要是弥补因印刷套印不准而造成相邻色之间的印刷漏白。柔印的陷印在 0.2-0.3mm 之间，一般扩下色不扩上色，扩浅色不扩深色，扩网不扩实地，特殊情况有时可以互扩或反向陷印，产生的视现效果就是印后的图案周围有时会出现 0.2mm 左右的叠色。手提纸袋是流动的商品中包装，可视距离较杂志、商品小包装较远，所以图案周边的陷印叠色一般在视觉效果上可忽略不计，但如果近视，0.2mm 的叠色会带来意外的中间色效果。

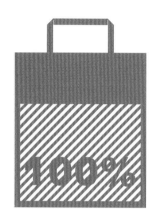

环保手提纸袋设计中的图形与文字表现

图形，图绘形象，是指描画出物体的轮廓、形状或外部的界限。设计中的图形表现可以认为是对创意设计的具体实施，图形通过符号、形象和色彩来传递信息的视觉语言，具有跨越国界、语言障碍的独特魅力。

手提纸袋中的文字表现，是指文字按视觉设计规律在画面中加以整体的精心安排，其最重要一点在于要服从表述主题的要求。任何一个文字标志、一条广告语，是有其自身信息传递的，正确无误地传达给消费者，是文字表现的目的。

经过图案化修饰的文字在版面中有时也是图形之一，它具有不同的个性风格和气质特征，它不止表现言语的信息，也能表达视觉信息。此时的文字的形式感应与传达内容一致，往往具有明确的信息指向。

路人手提着纸袋，一般能映入旁人眼中的时间大约两三秒或许更短，人们在一瞬间能吸收的信息量微乎其微。手提纸袋的图形与文字表现的规则与海报招贴等户外小型广告类似，除了色彩设计需要给人强烈的第一印象外，图形和文字的创意也需要在匆匆一瞥中吸引人们的目光。因此如具备以下几点的图形和文字表现的手提纸袋设计可做到留存记忆、过目不忘。

1. 画面设计简洁、醒目

由于手提纸袋是商品附属外包装，与商品材质、含量或制造等相关信息无需在此与内包装重复，画面的整体设计力求简洁明了。采用重复、特异、近似、图底反转、拟人等平面构成原理的表现手法结合色彩的表

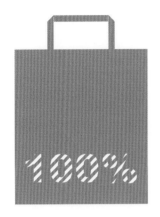

现能力来突出主题，增强视觉冲击力。

手提纸袋在使用过程中是流动呈现，受众的可视度一般在 2-5 米距离，有些甚至更远，纸袋画面设计是要求能转瞬间清楚传达内容的，过于精细的图形是没有实际效果的。因此必须信息量减到最少，把不必要的文字和图案信息剔除，一般来说突出品牌标志、企业名称或视觉辅助图形完全足矣，最简单的设计方法就是主画面除保留品牌的标准文字或标志外没有任何其他。

标准文字或标志是企业或品牌视觉规范设计（VI）中的基本要素之一。标准文字应用广泛，常与标志联系在一起，有时本身就是品牌标志。手提纸袋画面中应用 VI 中的标准文字或标志，直接将企业或品牌传达给观众，可强化企业形象与品牌的诉求力。

2. 文字表现图案化

文字设计的图案化，多指文字采用改变粗细、利用纹理、立体感、装饰性、拟态设计等图案化方式，目的是为了增强文字的装饰性、戏剧性，吸引路人，容易阅读。

3. 选择合适的字库字体进行搭配

如果设计师在手提纸袋画面设计中字体图案化的创意制作时间不允许或这方面不是很拿手的话，首先应懂得如何选用合适的现有字库进行搭配。

文字从公元前就开始陆续发展出各种字体，我们熟悉的英文字体如罗马式、哥特式，中文字体如宋体、魏碑体等。字体各式各样，有时给

人柔和、轻松的印象，有时也给人带来庄重、复古感。同样的文字选用不同的字体，受众会有全然不同的感受。

20 世纪 80 年代随着电脑的普及，出现了越来越多可供设计师选用的专业字库。成百上千的字体形式，每一款都有其相对应的视觉审美感受和心理暗示。如我们设计女性用品的纸袋，文字通常选用具有柔美纤细风格仿宋体、姚体；儿童产品手提纸袋的文字则会采用圆润调皮的娃娃体、喵呜体；装传统用品的手提纸袋文字则多采用手写文字或书法字体等。

字库字体具有准确性和一定的大众传播度和熟悉度。设计师熟知每一款字体的风格，在手提纸袋的画面设计中选择了合适的字体搭配，便能更好地传递信息，表现设计主题。

4. 利用网点变化，满足图案更多层次

有些企业以往一直采用四色印刷的胶印工艺，转为柔性印刷工艺需要有一个延续过度。为了满足色彩渐变、多层次的效果，有时可采用网点变化来解决，使设计手法更灵活、画面效果更丰富。

5. 利用版画、剪纸、白描等绘画形式，体现特殊艺术氛围

根据柔性印刷工艺多为专色印刷的特点，设计者可用木版水印、传统的剪纸、国画白描等形式手法进行创作，既充分发挥柔性印刷技术的特长，同时也使时尚的手提袋融合本国的民族元素。

6. 利用手提袋的结构，整体构思图形

手提纸袋虽然结构并不复杂，但构思巧妙的话也可以达到意想不到

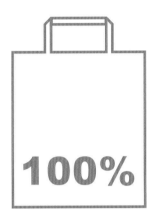

的效果，如利用手柄的延伸设计画面就是一例，设计者扩大想象空间，将手柄与图形相结合，给人一种愉悦和奇妙的感受。又如利用手提纸袋的两个面，做画面正反拼接延续设计，会增强画面的故事感。又如改变纸袋前后面尺寸，将纸袋整体设计成矩形状，会起到扩大画面、增强视觉冲击力的效果。以上这些都是近年来年轻设计师们的大胆创意的尝试，让看似简单的手提纸袋达到了梦幻的境地。

环保手提纸袋的设计流程

手提纸袋设计工作的流程与多数设计工作近似，一般分为：拟定工作时间表、调研与分析、构思与设计、制作与工艺四大步骤。

一、拟定工作时间表

手提纸袋的设计项目有单独立项的，也有可能是与商品的小包装设计结合在一起的或是企业形象规范手册中的一部分。因此，不同立项内容需要花费的时间、工序会有所不同。为了使整个设计工作能够按期顺利完成，在设计流程开始前应拟定一个工作时间表，使工作能够按部就班。

二、调研与分析

调研与分析是设计流程中前期的准备工作，首先我们要对设计内容彻底了解，如商品的功能、客户的要求、市场的状况、消费者的需求等等。调研规模可大可小，可请专业调研公司进行数据分析，也可由设计师自己跑市场、查资料、与受众或客户聊天探讨，最终分析、归纳调研的资料，对手提纸袋的设计提出创意定位，并得到客户认可。

1. 商品调研与分析

手提纸袋多数是承装物品的中包装，里面可能装的是食品、服饰、小家电、书籍资料等。在设计手提纸袋前，首先我们要了解使用手提纸袋的这些物品，它们的用途、功能、体积、外形、重量、商品小包装的外观等。它们决定了纸袋画面的设计风格、长宽尺寸、手柄的形态以及袋底是否需要底衬纸板。

2. 企业调研与分析

    企业的文化理念、企业对品牌的定位、对品牌视觉规范的设定都是手提纸袋设计中风格、图形、色彩选择应该参考的因素之一。

3. 市场调研与分析

    为了了解所服务的对象或竞争对手在设计领域已存在的相关作品，可以通过上网搜索或到市场一线实地考察。通过市场调研，明确目标市场和目标受众，并对市场上同行业品牌的手提纸袋设计进行分析，取长补短，寻找差异性和自我优势。

4. 受众调研与分析

    受众是设计的终端用户，也是决定设计成功与否的关键。

    调查问卷、访谈、数据分析等都是受众调研的方法。锁定受众对象，观察受众的习惯和喜好，了解受众的可支配收入及受众的消费期望等等，得出受众调研报告。

    结合商品、企业、市场、受众的调研数据，完成构思设计前的准备工作，确保设计的成品最终尽可能与受众相关，并能引起他们的兴趣。

三、构思与设计

    在设计流程中，创意是灵魂，形式是躯体。创意构思是一个重要的程序，常有设计师用绞尽脑汁来形容此工作。为了寻找一个好的构思，搭配上完美的设计形式，构思与设计是设计流程中最艰苦的过程。

1. 创意构思

    通过前期的调研与分析，对手提纸袋的设计内容进行定位并寻求表达设计主题的各种可能性。从众多创意点中挑选三到四个别致、互相有

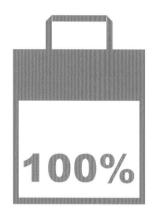

差异、有创作性的进入草图构思。

2. 草图研讨

用草图勾勒之前选定的三到四个创意构思，尽可能地尝试各式形式语言，同一构思也许可以有几种形式或色彩的表现方法，在绘制图样前可再做一次比较删减。

3. 绘制图样

选定两到三个草图用接近成稿的画面表现进行电脑绘制，结合色彩、图形、字体的设计规则加之柔性印刷工艺的要求，尽量使用专色、网点进行绘制。

4. 完成提案

向客户提案，通过样图使客户了解创意和构思。客户就样稿与设计师进行探讨，或通过、或修改、或推翻重来。

就笔者经验来说，如果前期调研与分析得当，并得到客户认可的话，根据调研分析定位后设计的图案一般能够满足客户的需求。如果客户提出意见，也应该只是局部的修改。如果客户在看稿后临时推翻了自己的最初要求并对当初商讨和认可的设计定位有动摇的话，设计师就应用专业的分析来指导和说服客户。

5. 最后审核

由客户与设计师共同最后审核设计稿，确认图形及文字信息，文字的准确度和图形的版权问题是最需注意的。

手提纸袋上使用图片或图形如果非设计师原创，必须购买版权。通常图片公司会根据发布的媒介和发行量来签署授权使用合约并收取相应的费用。

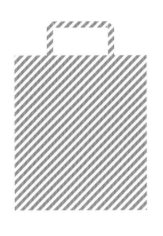

四、制作与工艺

构思设计工作完成后，经过客户最后审核，就应结合柔性印刷工艺制作印刷正稿，同时确定合作的制袋厂，与制袋公司的销售、技师、车长等一起制定印制计划：挑选印刷纸张，确定印数、上车跟单、抽验成品等。

如今，柔性版的分色制版工作会由制袋公司在设计师稿件基础上进行工艺的调整，所以设计师的跟单工作是印制顺利进行的保障。如整个设计工作的时间短，可考虑在构思设计的中后期就可启动与制袋公司的沟通工作。

THREE 3

国内外品牌环保手提纸袋鉴赏

随着中国经济的发展，进十年来商家购物送袋的现象已很普遍。走进 SHOPPING MALL，随意可以找到几十个纸袋，但仔细看来真正使用 100% 环保手提纸袋的商家并没有过半。如果细分一下，在竞争激烈的国内零售业中，一些中小型企业多数仍旧使用着传统的覆膜铜版纸袋。也有一些企业曾经选用过环保手提纸袋，但之后可能因为成本原因又回用了传统手提纸袋。唯能坚持使用环保手提纸袋的企业多为一些国际性品牌、时尚品牌亦或是大公司、大企业。没有花哨的图案设计，整体单纯、简洁、大方，恰如其分地传递着品牌信息。

伊势丹、高岛屋、新光天地、星巴克、肯德基、来伊份、热风、奔趣、江南布衣、丽婴房、优衣库、艾格、阿迪达斯、美津浓、ZARA、H&M、GAP 等一批国际和国内知名品牌是国内销售中较早使用 100% 环保手提纸袋的企业。虽然小小的手提纸袋从使用功能来说，只是存物和运送的功能，但如果商家坚持使用 100% 环保手提纸袋，从另一侧面也能反映相关企业的态度和责任，并做到传递企业文化信息的功能。

时尚是一种趋势，设计是一种创造，环保是一种责任。设计让环保成为时尚，手提纸袋创造了视觉享受同时也说明了环保的责任。讲环保，不需要什么大道理，企业、设计师、消费者，我们每个人都可以从身边做起。

百货类

 SHIN KONG PLACE
新光天地百货（北京）

专家点评：

设计将具有中国传统印章特点的企业象征图形，用现代设计的表现手法，红与白强烈的色彩对比，使其个性表现淋漓尽致，具有相当大的视觉冲击力。正面破格开放式的图案充彻了整个画面，使视觉延伸，象征北京新光天地大型百货企业的商品流通四通八达。设计简洁大气、色彩单纯、个性突出、夺目抢眼、令人过目不忘。用色简洁极利于柔性印刷表现。

——陈赓年
中国包装技术协会设计委员会委员

ISETAN
伊势丹百货

CHARTER
卓展购物中心（长春）

MATSUYA（JPN）
松屋百货

MM21
亚新生活广场

DFS免税店

VAN'S
万千百货

专家点评：

　　手提纸袋用红色留白设计，热烈、活泼具有很强的视觉冲击力。袋面图形以几何形和随意形为基础型，点线面相结合，乱中有序，虚实相间给人以生气勃勃的视觉感受。图形中隐藏了"OPEN"字母，即宣传了企业的营销理念，但又含蓄而不露，体现了企业的格调与修养。

　　手提纸袋用单色设计既节约成本，又表现了企业的环保和可持续发展的企业精神。

——吴国欣

同济大学 设计创意学院 / 建筑与城市规划学院 教授

SHANGHAI LANDMARK
上海置地广场

TOKYU HANDS（JPN）
东急手创

FRIENDSHIP DEPARTMENT
友谊百货

PACIFIC
太平洋百货

GRAND PACIFIC
北京君太百货

KOBRON SHOP
高邦百货

ZHONGYOU DEPARTMENT STORE
中友百货

TAKASHIMAYA
上海高岛屋

HANKYU (JPN)
阪急百货

HISENSE PLAZA
海信广场

专家点评：

　　这款设计充分利用了制版中的网点疏密、大小，从而使品牌文字重叠而有层次、单色而有变化。虽然仅一套色彩，但感觉上并不单调，完全发挥柔性版的印刷工艺，是一个过目难忘的好作品。

——陈关鸿
国际商业美术设计师协会 A 级资质设计师(ICADA)

Total
Multimedia
Life

YODOBASHI CAMERA

YODOBASHI CAMERA (JPN)

PARKON
百盛百货

华宝楼

FRIENDSHIP EUROPE CITY
友谊欧洲商城

AMAND PLAZA
芳汇广场

 LOFT（JPN）

上海久光百货

DAIMARU（JPN）
大丸百货

MITSUKOSHI（JPN）
三越百货

挪威奥斯陆百货店

服饰类

GAP
盖璞

HOTWIND
热风

专家点评：

　　这是一款强化品牌与生活关联的设计。包袋中"热风"与"生活"字体连在一起，特别用红色把 LIFE 突显出来，强化品牌，更强化品牌让您的生活更美好。

　　在设计形式上表达了热风商品的系列感。包装正反面各表达一款商品，真实的照片单色网纹设计，简洁明快，主题鲜明，与热风的休闲风格一致。

——赵佐良
国际商业美术设计师协会 A 级资质设计师（ICADA）

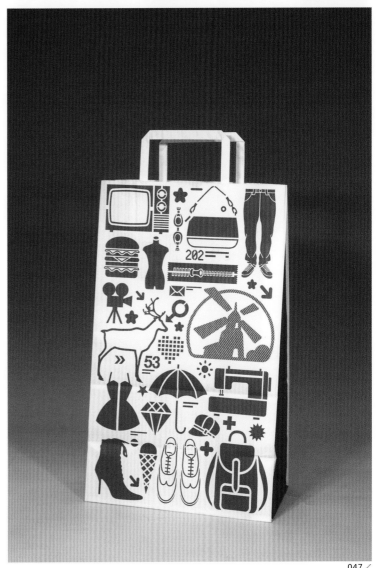

 H&M

 URBAN REVIVO

 HONEYS（左）

 BALENO
班尼路（右）

C&A

M&S
马莎百货

FOREVER21

SHIMALA
饰梦乐（左上）

MANGO（右上）

UNIQLO
优衣库（下）

 DAPHNE
达芙妮（上）

 ET BOITE
法文箱子（中）

 SACHA PACHA（左）

 AERIE（右）

 西村名物 （左上）

NAF NAF
娜芙娜芙 （右上）

MING LANG
名郎

专家点评：

　　包袋设计为单色粗网效果，整体风格与品牌理念贴近。由于企业近几年公司规模壮大及销售增长，100% 机械制袋大大降低了产品采购成本，而且对产品品质的稳定性及供货期都得到相应保证。

——朱 亮
上海东王子包装有限公司 副总经理

OIKOS
欧依蔻斯

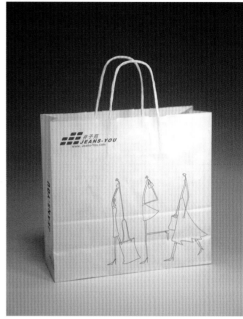

JEANS-YOU
井子苑

ZUCZUG
素然（左下）

CROQUIS
速写（右下）

 JNBY
江南布衣

专家点评：

　　江南布衣所代表及希望带来的仅仅是让周围环境对成长及进化中事物的自然状态的某种关注；犹如想通过语言去表达 Just naturally be yourself 这一含义，可能文字本身的状态更具表现力；而作为自然、自我的设计及生存状态更如同真实所具有的力量一样，可以给我们带来所认同的那些文化与价值。

——邵隆图

上海九木传盛广告有限公司 董事长

 LA GO GO
拉谷谷

MUJI
无印良品

NIKO AND...

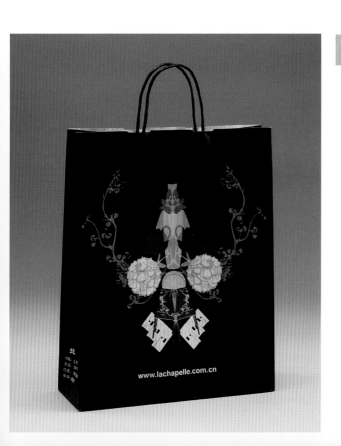

 LA CHAPELLE
拉夏贝尔

www.lachapelle.com.cn

 III VIVINIKO
薇薏蔻

ZARA
飒拉

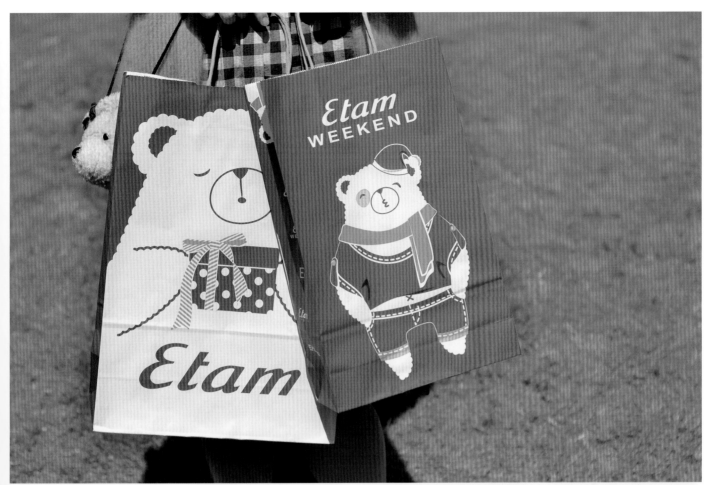

ETAM
艾格

ETAM
艾格

 ETAM
艾格

BENCH
奔趣

专家点评：

　　这是一款简约而不简单的设计，这是一个聪明的设计。画面上没有复杂的图案，没有绚丽的照片，而只有一个商标和文字，但异常醒目而颇具个性。尤为巧妙地利用黄牛皮纸本色，在底板上印了一层淡淡的白色，从而使露出部分呈现出一种金色的感觉。这一抹金色，朴实无华、恰到好处。在设计中充分利用材质、肌理和反差是经常遇到和必须做到的。

——陈关鸿
国际商业美术设计师协会 A 级资质设计师（ICADA）

BENCH
奔趣

BENCH
奔趣

TYBP
天衣布品

SUN GREEN
圣格瑞拉

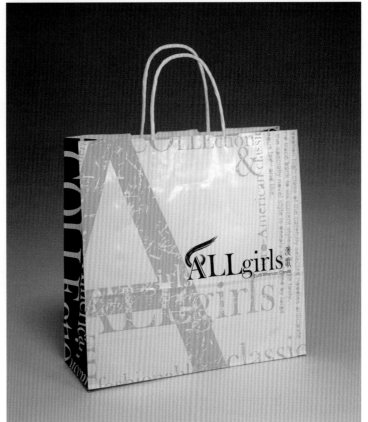

ALL GIRLS
澳歌

 WATCHER
播

 TROPICAL RAINFOREST

 FRIZZ

IDFIX
依迪菲

专家点评:
　　包袋正面以大面积的留白突出醒目的红星标识图案,下部一篇大小节奏错落的文字,形成了渐变灰面衬托上面红星主体。整体设计风格简洁、轻快、鲜明、符合休闲服饰的商品特性。
　　一个标识一篇文字,简单的并不简单,似是没有设计的设计,却是好设计。用色简洁利用柔印技术表现。

——陈赓年
中国包装技术协会设计委员会委员

IPLUSO
意索

ONLY

 SKIMI

FLY AWAY

W&F BIRD
温馨鸟

OUR-Q

FENGHE
丰和

 OSHKOSH

AD

 丁娘子土布庄

 伊卡诺菲

专家点评：

　　包袋设计用大面积白色和手绘的单线手法进行设计，给人以简洁、明快、高雅的视觉感受。

　　包袋用了最少的颜色，达到企业想表现的内容。既节约了成本又体现了企业环保和可持续发展的企业精神。

——吴国欣

同济大学 设计创意学院 / 建筑与城市规划学院 教授

 MOTIVI

GARFIELD
加菲猫童装

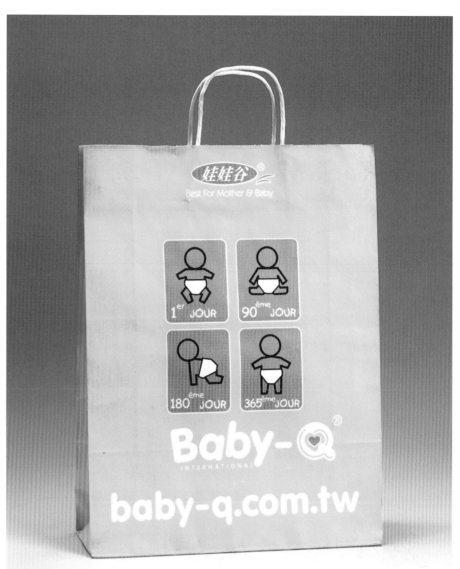

BABY-Q
娃娃谷

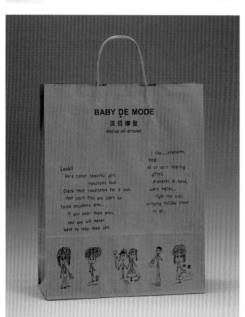

BABY DE MODE
贝贝摩登（左）

O.C.T.MAMI
十月妈咪（右）

 LES ENPHANTS
丽婴房

ASOBIO（左）

JACK JONES
杰克·琼斯（右）

NEW BALANCE
新百伦（纽巴伦）

MONTE FIORI
美·法拉瑞

 RACE
来氏

 CONVERSE
匡威

 THE NORTH FACE
北面

REMA
锐马

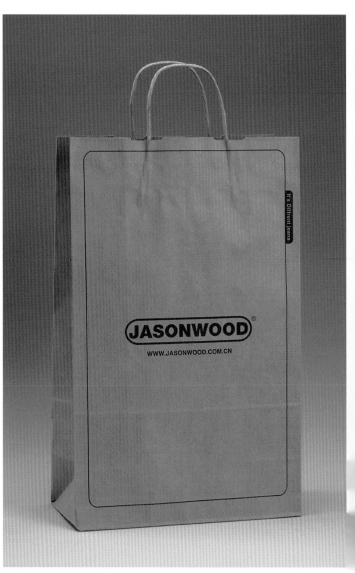

JASONWOOD

美克

TOP SPORTS
滔搏运动

ADIDAS
阿迪达斯

COLUMBIA
哥伦比亚

ADIDAS
阿迪达斯

领跑体育

PUMA
飘马

ARCTIC FOX
快乐狐狸

专家点评：

整个包袋使用简洁两色，突出中间狐狸商标的设计特点，"阴阳"、"黑白"概括简练，把狐狸灵活与狡猾的特征充分表达出来。

字体设计一粗一细，变化又统一。商标与文字处于包袋的中心位置，给消费者一个强烈的品牌记忆。

——赵佐良
国际商业美术设计师协会 A 级资质设计师(ICADA)

PEPSI SPORTS
百事运动

 REEBOK
锐步

 MIZUNO
美津浓

食品类

LYFEN
来伊份

叙友茶庄

七品茶

天福茗茶

STARBUCKS
星巴克

 WORLD FOOD PLACE
世界食品城

 SUN CREATE
什果冰露酒

ASAHI
朝日啤酒

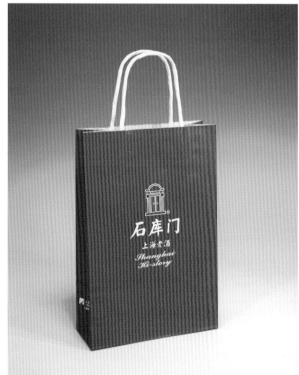

石库门上海老酒

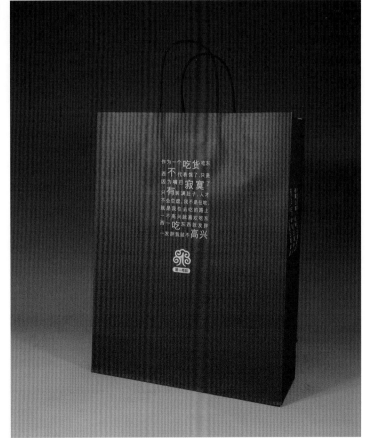

FIRST FOOD MALL
第一食品

RADISSON
上海兰生大酒店

美仕唐纳滋
MISTER DONUT

FOUR SEASON RURAL RESTAURANT
四季草堂

KFC
肯德基

六花亭（JPN）

MONCHOUCHOU
檬舒舒

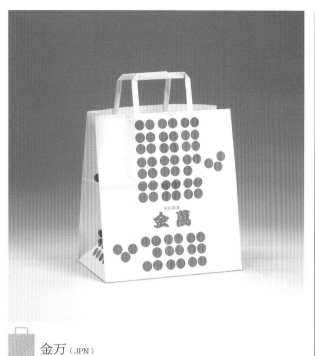

金万（JPN）

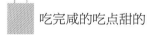吃完咸的吃点甜的

 HENRI CHARPENTIER（JPN）

FIRST FOOD MALL
第一食品

DONQ
都恩客

HAAGEN-DAZS
哈根达斯

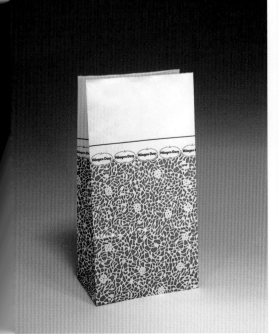

 YAMAZAKI
山崎面包

 AJIICHIBAN
优之良品

MARCO POLO
马可波罗面包

PARIS BAGUETTE
巴黎贝甜

GANSO
元祖食品

ICHIDO
宜芝多

食品通用袋（JPN）

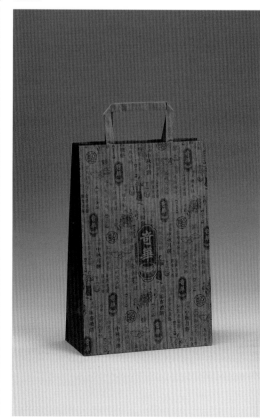

KEE WAH BAKERY
奇华饼家

TOUS LES JOURS
多乐之日（KOR）

MOROZOFF（JPN）

TTL
台湾烟酒

其他类

HERBORIST
佰草集

南京路步行街

养生堂龟鳖丸

杭州日报

 MINOLTA
美能达

 人民照相馆

 上海浦东新区公路管理署

东方卫视《加油！好男儿》

DUOER
朵而胶囊

L'OCCITANE
欧舒丹

欧美药妆

林清轩

雅蘭

ALAN CHAN CREATIONS
東西坊

KYOCERA
京瓷

上海科技教育出版社

BANK OF COMMUNICATIONS
交通银行上海分行

2006 "王子杯"
环保手提纸袋设计大奖赛

OSAKA NIPPONBASHI
上海新天地（JPN）

OJI GROUP
王子(OJI)集团

东方卫视

晴彩眼镜

 E.BABY

未来设计师们的创意设计

时尚需要传承和发展，环保也需要大众的共同努力。发达国家手提纸袋 90% 以上是环保纸袋，而快速发展中的国内市场对环保产品的普遍接受也是迟早的事情。100% 环保手提纸袋推广不仅需要品牌客户和消费者的接受和使用，也需要专业生产企业不断完善生产工艺和选用更环保可降解的新材料来减少能源的消耗。当然，更需要年轻一代设计师们的了解、熟悉和创新。

时代的发展，知识的更新，推动年轻的设计师逐渐走到了设计的前列。十多年来，国内知名的环保手提纸袋生产企业，抱着普及、推广和求新的观念，联袂国内部分著名艺术设计院校连续举办了多期环保手提纸袋的创意设计比赛。让同学们敞开想象的翅膀，大胆创新，从而设计出一大批富有时代气息、颇具创意的新作品。

柔性印刷在国内起步较晚，为了把环保手提纸袋的特殊工艺要求传授给年轻设计师们，设计院校还在制袋企业建立校外实践基地，基地提供了师生参观、学习以及现场与专家互动交流的机会。以往设计专业上课都是在校，老师上课讲，学生下面听，老师布置作业，学生完成，老师打分。而实践基地里，现场生产车间内的教学，企业专家多方位的专业指导，师生们可以从第一线看到、摸到、听到那些平时只能在书本上了解的知识，专业教学实用而不枯燥，专家讲座实际而不空洞，让学生们取得更多的收获。

同时，部分校企之间还搭建创意设计平台，为学生自由发挥各自才艺提供了空间，如学生们为迎世博、爱护森林资源、创办科普低碳包装博物馆、上海国际艺术节"青年艺术创想周"等活动创作了不少优秀佳作。

保护环境是我们人类的长期目标，培养和发掘优秀的设计人才是大学教师和相关企业的经常任务，愿环保手提纸袋的设计在年轻的设计师们手中演绎得更加精彩。

2006"王子杯"环保手提纸袋设计大奖赛
获奖作品选登

主办单位：上海包装技术协会、王子 (OJI) 集团 上海东王子包装有限公司
支持单位：上海世博(集团)有限公司

主题："美好都市生活"

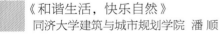
《和谐生活，快乐自然》
同济大学建筑与城市规划学院 潘 顺

指导老师评语：

荡秋千是一项令人放松、愉快的活动。画面中间是一位坐在秋千上的女孩，背景是城市中的绿地，对应了"和谐城市"的主题。女孩天真的笑容很容易引起我们对于快乐的共鸣，场景中的人和自然环境融为一体，体现了"城市，让生活更美好"的内涵。

设计的巧妙之处在于包袋的画面与使用者形成了呼应和互动，仿佛是借用使用者的手，使画面中荡秋千的女孩更生动起来。

包袋设计突破了一般设计者的思维方式，又符合了环保手提纸袋设计需符合的柔印技术要求，图案简洁、色彩单纯、节约成本，具有可操作性。

——吴国欣
同济大学 建筑与城市规划学院 教授

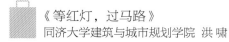

《等红灯，过马路》
同济大学建筑与城市规划学院 洪啸

专家点评：

    作者选择了城市中一个简单的生活场景
——穿马路、等红灯。视觉元素单纯、简单，画
面简洁、有趣，作者用蜡笔漫画手法寥寥数
笔勾勒出人流如潮的都市生活和美好愿景，
工艺适制性强，成本低。看似随意，却又独具
匠心，高度概括提炼，可谓简单是复杂的精
致所及，具有公益性和教育意义。

                              ——邵隆图
          上海九木传盛广告有限公司 董事长

《美好都市生活》
上海应用技术学院艺术与设计学院　周 亮

《美好都市生活》
上海应用技术学院艺术与设计学院　董宁武

《微笑》

鲁迅美术学院 谭慧丽 王 磊

专家点评：

　　设计者把世博会的英文文字进行变形、夸张和重新组合，变成一个人的笑脸，表达出对世博会参与、激情和愉快，从而体现了"城市，让生活更美好"的上海世博会主题。

　　作品结构活跃、排列时尚、色彩简洁、可以使用不同的颜色进行一套色印刷，符合环保的理念。

——赵佐良

国际商业美术设计师协会 A 级资质设计师（ICADA）

《Beauty City Life》（上）

《衣、食、住、行》（下）

上海戏剧学院 胡家翔 方祎妮

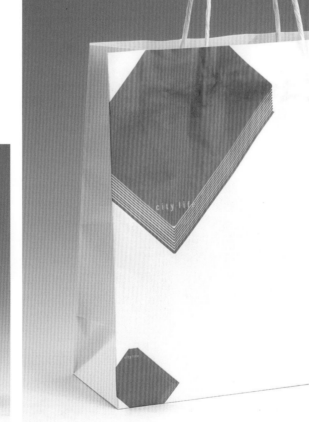

《The Life》
上海戏剧学院 戴亦斐

《你笑了，我笑了，城市也笑了。》
上海应用技术学院艺术与设计学院　黄家骅

《绚丽2010》
上海戏剧学院　金 戈

《因为城市》
海曼艺校　谈晓琳

《美好都市生活》
上海应用技术学院艺术与设计学院　朱紫萍

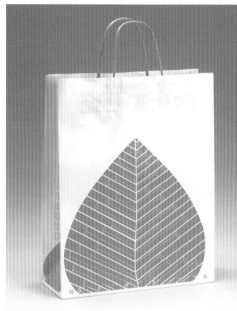

《世博系列》
江苏省淮阴师范学院美术系 高 山

《Just Go!参加世博》
同济大学建筑与城市规划学院 李振亚

专家点评：

　　图案设计简洁动感、色块鲜明，制作上适合柔印工艺，整体效果能给人产生较好的视觉注意力。抽象人物的行走并配以符号标识及英文单词"Go"，展现了年轻人要往正确方向行径的目标。亦可理解为"思路是出路之端，出路是思路之果"。

——朱 亮
上海东王子包装有限公司 副总经理

《城市钥匙》
上海应用技术学院艺术与设计学院 刘粤斌

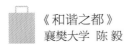
《和谐之都》
襄樊大学 陈 毅

《我心中的世博会》
清华大学美术学院 王迪偲

专家点评：

　　设计者以"美好都市生活"为主题，结合印刷工艺的要求，以简洁的表现手法，运用了中国的团花纹样，象征和谐美满，并巧妙地将世博会会标融入其中，显示人与物，人与自然的和谐。图案采用绿色为基调，使整个城市充满生机，又在万绿从中露出几点红作为点缀，体现美好的都市生活更美丽。

——刘维亚
中国包装联合会设计委员会 副会长

《绿色畅想》
　上海师范大学人文传播学院　黄慧婷

《上海的今天和过去》
　上海应用技术学院艺术与设计学院　董陶情

指导老师评语:

　　该设计作品以"和谐都市"为主题,应用了东方之韵,上海之印象的文化背景,凸显了上海大都市过去的建筑文化和人文精神。

　　石库门建筑彰显了上海的昔日风貌,也是上海历史演变的文化踪迹。以老上海的标志性建筑石库门为背景的基础上,运用了鲜明的色块融入并与之作对比,意在制造一种怀旧与时尚之间的冲突感,同时也增强了新颖、明快的视觉效果。

　　简约的图形和个性化的配色,使这款手提纸袋具有都市风情和一定的前瞻性。

——孟祥勇

上海应用技术学院艺术与设计学院　教授

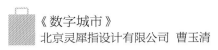
《数字城市》
北京灵犀指设计有限公司 曹玉清

《缤纷世博》
上海应用技术学院艺术与设计学院 朱祎雯

《美好都市生活》
上海大学美术学院 刘 莹

《给我High起来！》
上海戏剧学院 夏晓晔

《活力上海》
上海应用技术学院艺术与设计学院 季云云

《微笑》
鲁迅美术学院 周园园

《美好都市生活》
上海应用技术学院艺术与设计学院 冯甦平

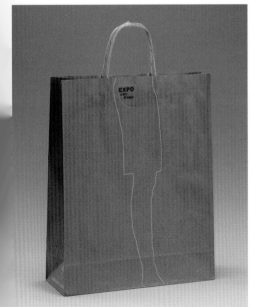

《阿拉上海等侬哦》
交通大学网络教育学院　席倩雯

《节奏》
上海应用技术学院艺术与设计学院 顾易怡

《拥抱》
上海师范大学人文传播学院 边道静

《飞翔》
交通大学网络教育学院 徐 莉

2006"王子杯"环保手提纸袋设计大奖赛
获奖作品选登

主办单位:上海包装技术协会、王子(OJI)集团 上海东王子包装有限公司
支持单位:上海世博(集团)有限公司

主题:"美津浓体育"

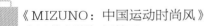
《MIZUNO：中国运动时尚风》
鲁迅美术学院 谭慧丽

指导老师评语：

　　强烈的黑白对比，大胆的块面风格，焦黑劲舞的人物形态，象形互衬的品牌风格，设计者以其简洁灵动的创意语言诠释出动静张弛的视觉灵感。

　　手提纸袋是消费时代市场经济环境下芸芸众生的日常必须品，运动健身是小康阶段奥运脚步声中普通百姓日趋关心的话题。以高品位的平面设计语言修饰当代中国平民阶层流行时尚旋律，不仅是主办单位和赞助企业的社会责任感及经营理念的良性展演，也应该是新一代设计师们无欲而求的境界目标。

——孙 明
鲁迅美术学院 教授

《MIZUNO 》
山东青年管理干部学院 王新丽

《MIZUNO：不羁的活力》
上海应用技术学院艺术与设计学院 董陶情

《MIZUNO SPORTS 》
鲁迅美术学院 边 璐

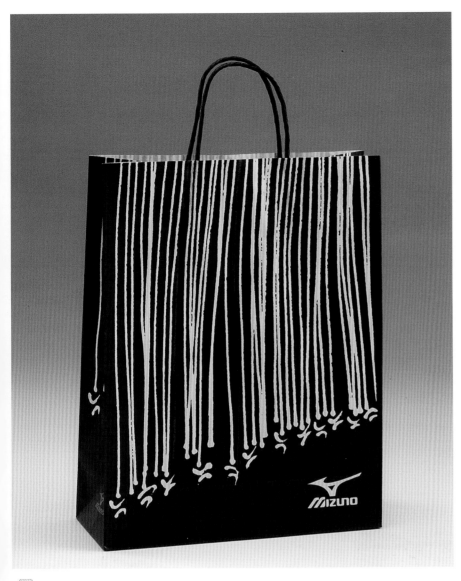

《MIZUNO》
鲁迅美术学院 谭慧丽

专家点评：
　　作品以各种运动人物的不同姿态，用轻快、随意、流畅的线条构成了极强的形式感，体现出运动的韵律，寓意美津浓体育用品公司产品的多样性、时尚感。
　　　　　　　　　　　　　　　　　　——陈关鸿
国际商业美术设计师协会A级资质设计师（ICADA）

《MIZUNO》
上海应用技术学院艺术与设计学院 郭喆华

《MIZUNO：运动四季》
上海戏剧学院 吕可

《MIZUNO：勇攀高峰》
鲁迅美术学院 谭慧丽

《MIZUNO：跃》
同济大学建筑与城市规划学院 徐芳汀

《MIZUNO：动力美津浓》
同济大学建筑与城市规划学院 戴冬旋

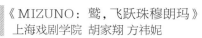
《MIZUNO：鹫，飞跃珠穆朗玛》
上海戏剧学院 胡家翔 方祎妮

《MIZUNO：水墨符号》
上海大学美术学院 刘 昕

专家点评:

　　手提纸袋虽是商品的附属品,但在商品流动中起着不可忽视的作用。它不仅是容器,而且是商品或商铺品牌推广的延伸、流动的广告。

　　设计上要求简洁、个性鲜明,具有视觉的冲击力,这幅作品做到了这一点。色彩虽然只有一套色,但充分利用黄牛皮纸本色,加上颇具现代感的画面,与商品运动休闲的特性正好吻合。

——陈赓年
中国包装技术协会设计委员会委员

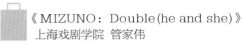

《MIZUNO：Double(he and she)》
上海戏剧学院 管家伟

《MIZUNO：1》
上海戏剧学院 薛白榆

指导老师评语：

　　运动场中，胜利与"第一名"是每位运动员的追求和奋斗目标。此设计通过胜利与"1"的概念点名企业的经营性质，也表达出该企业在行业中的追求梦想。

　　MIZUNO 也是一家注重环保事业的企业，此款设计利用了黄牛皮纸的本色，仅印一套专色黑，简洁而有力度。而黑色的包容感更衬托出牛皮纸的黄金质感，黑里透金，尽显高贵。

——陈 晔
上海戏剧学院 教师

《MIZUNO》
鲁迅美术学院 张 靖

《MIZUNO：奔跑，激活潜能》
四川大学艺术学院 李倩倩

《MIZUNO》
同济大学建筑与城市规划学院 孙逢泽

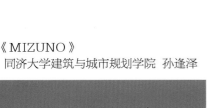

2006"王子杯"环保手提纸袋设计大奖赛
获奖作品选登

主办单位：上海包装技术协会、王子 (OJI) 集团 上海东王子包装有限公司
支持单位：上海世博(集团)有限公司

主题：“卓展百货”

《CHARTER：卓展时尚》
鲁迅美术学院 谭慧丽

 《CHARTER：时尚购物》
北京灵犀指设计有限公司 董欣元 李 滨

 《CHARTER》
鲁迅美术学院 吴翊楠

《CHARTER：卓展·韵》
鲁迅美术学院 谭慧丽

《CHARTER》
上海工程技术大学 陈 黎

《CHARTER》
华中科技大学 徐 波

《CHARTER：在你眼中&Taste it》
上海戏剧学院　赵 芸

《CHARTER：惊叹的梦想》
天津市海艺广告设计中心　李 维

《CHARTER之中国结》
上海师范大学人文传播学院　王雯倩

指导老师评语：

　　作品洗练、简约，引人注目，特别是在喧闹的商业环境中使用，容易抓取视觉效果。

　　红黑组合，对比强烈，含蓄地传达出视觉紧张背后的心理张力。

　　"中国结"视觉符号的运用，自然产生民族文化的默认，从而具备了熟悉的"亲切"感；另外，作品巧妙地把卓展的标志与"中国结"相结合，从形似引申到神似，准确到位，具有强烈的文化崇敬和现代感。

　　美中不足之处在于，中国结顶端结绳与包袋的结合显突兀，设计的整体感略欠缺。

　　　　　　　　　　　　　　　——金定海
　　　　　　　　上海师范大学人文与传播学院 教授

《CHARTER：流动的旋律》
中国美术学院上海设计分院 姚蕴华

《CHARTER》
鲁迅美术学院 武 翟

《CHARTER》
上海工艺美术职业学院 马乐萍

2010 迎世博"王子杯"环保手提纸袋设计比赛
获奖作品选登

主办单位：王子 (OJI) 集团 上海东王子包装有限公司、上海戏剧学院
支持单位：上海包装技术协会

主题："快乐城市、快乐人"

《快乐城市、快乐人》
上海戏剧学院 诸翠华

设计阐述：

  举世瞩目的世博会正快步向我们走来，"快乐城市、快乐人"是我们共同的感受。"世博"不仅给我们带来快乐，更为我们的城市营造了环保、和谐、文明的环境。美好的梦想正在变为现实，放飞吧，可爱的海宝。祝福吧，亲爱的祖国。笑迎世博，放飞梦想。

《快乐城市、快乐人》
上海戏剧学院 钱 辰

设计阐述：

　　本次包袋的设计主题为"快乐城市、快乐人"。我以这次上海世博会的吉祥物海宝和中国馆为画面主体，描绘了海宝从世博场馆中雀跃而出的场景。两版色系不同，但主旨一致，蓝色主要取海宝本身的特质，并取"大海"、"上海"、"海纳百川"的涵义；红黄色主要以中国国旗颜色为基本色，意味着世博会在中国起飞，并为中国发展、上海腾飞带来了具有划时代意义的机遇。

《快乐城市、快乐人》
上海戏剧学院 诸翠华

设计阐述：

　　充满活力和热情的世博会，倡导人与城市和谐发展，健康文明迎世博是我们的共同梦想。画面以上海城市景象作为笑脸主体，绿色是希望，体现了城市的环境。城市让我们的生活更美好，带着笑容的快乐人迎接世博的到来。

《快乐城市、快乐人》
上海戏剧学院 钱瑛妃

设计阐述：

　　此设计命名为快乐的海宝，设计的是一个充满欢乐，充满微笑、愿意与世界各地的人们交朋友的海宝。把海宝的手设计到包袋的手柄上，这样的一种视觉差就感觉大家是牵着海宝的手在走，可爱又时尚。海宝背后散发出来的是无限光芒，象征海宝把世博的一切微笑带给每个朋友。

《快乐城市、快乐人》
上海戏剧学院 胡文静

设计阐述：

此设计表现的是一个蓝天白云下干净纯粹的上海，于是我选择了蓝色做底，用白色的线条勾勒出上海最具代表性的建筑，线条的随意是想模仿孩子的笔法，表现出一种单纯的祝愿，希望上海 2010 年的世博会能够顺利举办。

《LET'S HAVE SOME FUN!》
上海戏剧学院 白晶天

《快乐城市、快乐人》
上海戏剧学院 严仁杰

《HAPPY》
上海戏剧学院 孙乐石

《快乐城市、快乐人》
上海戏剧学院 邱行洁

设计阐述：

包袋的设计主题为"快乐城市，快乐人"。此设计以在跳绳的小男孩和小女孩为正面和反面，高高扬起的绳子与包袋的拎绳巧妙地混为一体。小男孩和小女孩的着装分别为红色和绿色，有"红男绿女"之意；二者的背景又分别为绿色和红色，对比强烈，醒目。小男孩和小女孩面带微笑，快乐的在运动，符合"快乐城市，快乐人"这一主题。

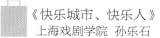

《快乐城市、快乐人》
上海戏剧学院 孙乐石

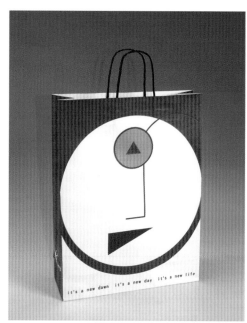

《快乐城市、快乐人》
上海戏剧学院 顾玉婷

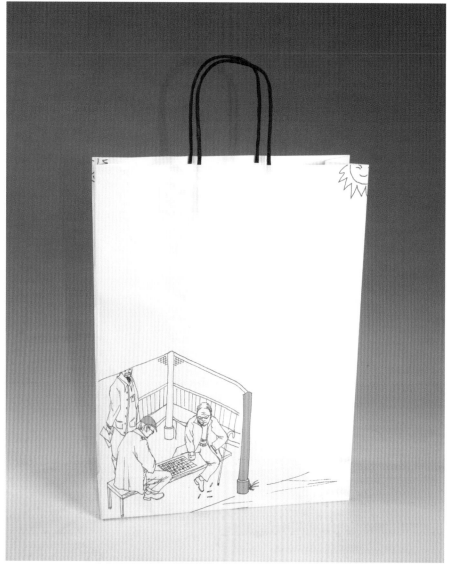

《快乐城市、快乐人》
上海戏剧学院 李祖苑

《快乐城市、快乐人》
上海戏剧学院 马晓敏

《Are U Happy Now》
上海戏剧学院 郁 越

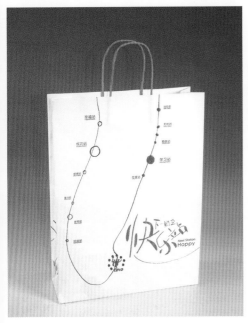

《快乐站》
上海戏剧学院 孙思嘉

《快乐城市、快乐人》
上海戏剧学院 诸翠华

《CHINA SHANGHAI EXPO》
上海戏剧学院 王资博

《快乐城市、快乐人》
上海戏剧学院 方 真

《EXPO》(左)
上海戏剧学院 钱 辰

《乐》(右)
上海戏剧学院 孙思嘉

《HAPPY CHINA，LOVEING SHANGHAI》
上海戏剧学院 祁佳越

 《快乐城市、快乐人》
上海戏剧学院 陶 伊

《EXPO 2010》
上海戏剧学院 王嘉赓

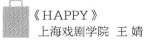
《HAPPY》
上海戏剧学院 王 婧

《快乐城市、快乐人》
上海戏剧学院 胡文静

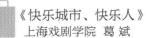
《快乐城市、快乐人》
上海戏剧学院 葛 斌

2011"王子杯"环保手提纸袋设计比赛
获奖作品选登

主办单位：王子 (OJI) 集团 上海东王子包装有限公司、上海戏剧学院、"木览坊"科普博物馆
支持单位：上海包装技术协会、上海新通联包装股份有限公司

主题："树，人类永远的朋友"

《树，人类永远的朋友》
上海戏剧学院 何封科

《树，人类永远的朋友》
上海戏剧学院 郁 越

《树，人类永远的朋友》
上海戏剧学院 杨俪瑾

《树，人类永远的朋友》
上海戏剧学院 南 琼

《树，人类永远的朋友》
上海戏剧学院 迪 鹰

《树，人类永远的朋友》
上海戏剧学院 王珅安

《树，人类永远的朋友》
上海戏剧学院 王 迪

 《树，人类永远的朋友》
上海戏剧学院　李欣彤

 《树，人类永远的朋友》
上海戏剧学院　程炜婷

《树，人类永远的朋友》
上海戏剧学院 梁云超

《树，人类永远的朋友》
上海戏剧学院 李婉宜

《树，人类永远的朋友》
上海戏剧学院 李秋蓉

《树，人类永远的朋友》
上海戏剧学院 刘 潇

 《树，人类永远的朋友》
上海戏剧学院 方 真

《树，人类永远的朋友》
上海戏剧学院 庄元杰

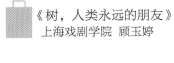《树，人类永远的朋友》
上海戏剧学院 顾玉婷

2013 第 15 届中国上海国际艺术节"扶持青年艺术家计划暨青年艺术创想周"
视觉作品《包容——Hi 系列》选登

主办单位：上海国际艺术节、上海戏剧学院
支持单位：王子 (OJI) 集团 上海东王子包装有限公司

主题："Hi，It's me."

《Hi,It's me.》
上海戏剧学院 马艺彤

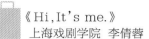
《Hi,It's me.》
上海戏剧学院 李倩蓉

设计阐述：

　　纸袋以"我"为设计主题。运用黑白两色，对比鲜明突出。图案为卡通风格的"时钟我"童趣可爱，"时钟"是整个设计的主要元素。表现我每天追逐着时间赛跑，即使忙碌但生活得很愉快！

《Hi,It's me.》
上海戏剧学院 刘 祺

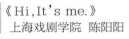
《Hi,It's me.》
　上海戏剧学院　陈阳阳

设计阐述：
　　爱幻想，情绪化，无厘头的我，彩色最能代表我的形象，所以我用彩色的头发传达我的丰富人生，面部没有五官，但我的内心多姿多彩，所以任何单一的表情都无法勾勒出我的模样……

《Hi,It's me.》

上海戏剧学院 胡超文

设计阐述：

　　金牛的我喜欢简笔随意的风格。主色调以绿、天蓝为主色。绿色代表自然、健康、稳重；天蓝代表希望、活力。都象征着我的个性，向往自由！

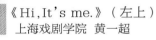

《Hi,It's me.》（左上）
上海戏剧学院　黄一超

设计阐述：

作品的风格主要以黑白为主，想营造出装饰画的感觉，画面内容表现了我的星座和喜欢的物品，例如糖果和水滴，并运用了多种装饰元素以达到黑白灰的统一和谐。

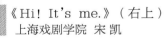

《Hi！It's me.》（右上）
上海戏剧学院　宋凯

设计阐述：

墙上的"E"代表"earth"，没有光就用危险的常识，计算三七或四六，很明显卖血无法救济贫穷，金钱隔绝宇宙风，痛恨这个世界却不得不爱这个世界。

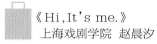
《Hi,It's me.》
上海戏剧学院 赵晨汐

设计阐述：
　　作品以鲜亮简洁的线条与色彩勾勒出完整的形态，注重了神情的表现，体现了我的性格特点。

《Hi,It's me.》
　　上海戏剧学院 杨 柳

设计阐述：
　　作品《Hi,It's me.》以人物简约的白描线稿和漫画形象说明作品的内容，点明出该作品的主旨："我就是我"。在大的黑白视觉风格基础上，以单个作品不同的视觉绘画方式衬托出每个作品和人物的个性。

《Hi,It's me.》
　　上海戏剧学院 朱亚清

《Hi,It's me.》
上海戏剧学院 徐文怡

设计阐述：

　　在自己想象的世界里一切都有可能发生，做自己最快乐。

　　用主观的方式去创造花盛开姿态，就像此时此刻的我们，恣意绽放，吐露芬芳，倾尽美丽。

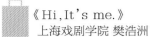

《Hi, It's me.》
上海戏剧学院 樊浩洲

《Hi, It's me.》
上海戏剧学院 王任伟

设计阐述：

　　《我》这一作品运用了卡通的表现方式，画了自己的卡通肖像。黑色的头发，慵懒的眼神，用色简单，黑白组成，表现了自己随性、简单、自由不受拘束的性格，吸引别人的眼球。

《Hi, It's me.》
上海戏剧学院 洪 维

设计阐述：

　　思绪杂乱纷飞，它们在欢腾，它们在作乱；它们欢乐着我的欢乐，烦恼着我的烦恼。它们成就了我现在的一切，而我，创造了所有的它们。

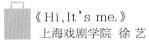 《Hi,It's me.》
上海戏剧学院 徐 艺

设计阐述：

　　表达出自己的童真、搞怪，同时也希望以后的自己能够一直快乐下去，并能把快乐带给别人。

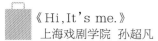
《Hi，It's me.》
上海戏剧学院 孙超凡

设计阐述：

　　我用简洁的线条、夸张的表情来表现我们这一代年轻人的个性张扬。

《Hi，It's me.》
上海戏剧学院 张 征

设计阐述：

　　本包袋设计的主题是"我"，画面采用了夸张的卡通单线形式，整体运用了黑白两色，简洁醒目。设计图案置在包袋右下角，占据大部分画面，使视觉冲击力强烈。

《Hi,It's me.》
上海戏剧学院　阿拉依·包尔江
设计阐述：

　　生活中的我想法很简单，觉得就是因为简单，所以活得很流畅。想用线描的方式表达自己简单和潇洒的生活态度。

《Hi,It's me.》
上海戏剧学院　刘楚瑜

设计阐述：

　　此作品是以我自己的卡通形象为主要图形，这个形象抓住了我的特点，使别人能一眼就能看出是我。作品是由一个大的加上下面几个重复的形象组成，主要是想形成视觉的冲击。作品的颜色主要是由经典三色黑、白、红组成，主要还是为了吸引别人的眼球。

《Hi,It's me.》
上海戏剧学院　陈铖

《Hi,It's me.》
上海戏剧学院 沈春艳

设计阐述：

　　愿如花木一般，接受风雨，迎接彩虹。不在乎芬芳的长久，只在乎是否真正艳丽过。

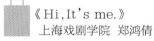

《Hi,It's me.》
上海戏剧学院 郑鸿倩

设计阐述：

　　小时候调皮的野孩子，什么都不懂的年纪是一生最快乐的自己。现在的她还会偶尔出现在我的世界里,在最不想面对妥协与失败的时候。

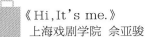

《Hi,It's me.》
上海戏剧学院 刘馨心

设计阐述：
　　一个幽默夸张的反面角色，五官夸张变形处理，衬托了我内心"更喜欢钱"这句话的含义。

《Hi,It's me.》
上海戏剧学院 刘代霖

Appendix
FIVE

附 录

森林的作用

森林在为我们提供木材的同时还具有保持水分、吸收二氧化碳、防止土壤流失、提供动植物生长、人们放松休闲的场所等功能。

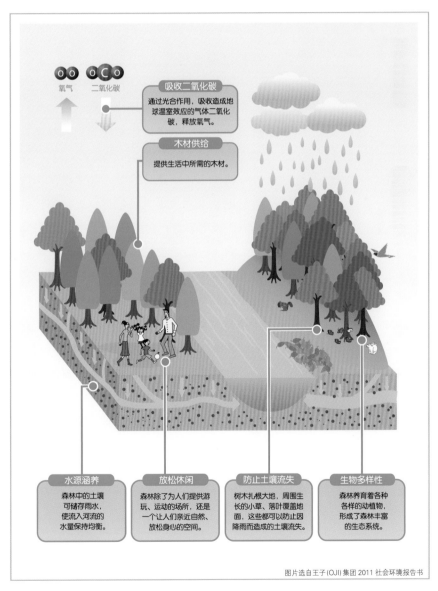

氧气　二氧化碳

吸收二氧化碳
通过光合作用，吸收造成地球温室效应的气体二氧化碳，释放氧气。

木材供给
提供生活中所需的木材。

水源涵养
森林中的土壤可储存雨水，使流入河流的水量保持均衡。

放松休闲
森林除了为人们提供游玩、运动的场所，还是一个让人们亲近自然、放松身心的空间。

防止土壤流失
树木扎根大地，周围生长的小草、落叶覆盖地面，这些都可以防止因降雨而造成的土壤流失。

生物多样性
森林养育着各种各样的动植物，形成了森林丰富的生态系统。

图片选自王子(OJI)集团 2011 社会环境报告书

森林与纸张的再循环

在满足人们物质生活需求与经济利益增长的同时，防止地球温暖化，保护生态平衡，促进森林的循环再生与纸张的回收再利用，应是当下造纸或制袋等企业应遵循的道德准则和经营方式。

可持续森林经营：

1992 年在里约热内卢举行了地球首脑会议，会后"可持续性"成了一个时新的名词。为了让该理念具体化，在许多领域进行了尝试。在森林方面，为了未来世代都能享受森林所持有的机能，"可持续森林经营"的实践活动正在不断被推广和扩大。

所谓可持续森林经营，就是在保护该区域的生物多样性，维持依靠森林而生活的当地人类社会，进行可持续性木材生产和利用的森林经营模式。换而言之，就是环境性、社会性和经济性获得平衡的森林经营。

因为制造产业是以木材为原料，所以有不少人误以为造纸产业是自然资源掠夺型产业，但是如果在上述可持续森林的管理之下，就可以通过自植林来培育造纸需用的用材林。木材供应商应向造纸企业提交木材原料相关可追溯性报告，并对供应商的原料来源报告由第三方进行监察，以此为解决地球环境问题做出贡献。

自植林也称人工造林，即通过人为方式根据林木生态适应性、生长发育规律以及维护当地生态状况的基础上进行科学植树造林活动。从环境、社会和经济的观点出发，实行可持续森林经营。自植林只有把握住良种壮苗、适地适树、及时抚育间伐、防虫治病等生产环节，才能达到速生丰产的目的。自植林是扩大森林资源、改善生态环境和缓解木材需

求的主要途径之一。用材林属于自植林中的一支，以生产木材为主要目的循环自植林。用材林可根据需要选择目的树种，成熟期较天然林短，材质优良，保持着较高的森林生产率。同时其立木分布均匀，有利于土地、光能的充分利用，更易于机械化作业。自植林的面积扩大，用材木的增加，可以抑制须保护的天然林的利用，间接地保护了生物的多样性。

100% 环保手提纸袋纸张选用的用材林是自植针叶林。

纸张的回收再利用：

回收利用纸浆、废纸，将其变成宝贵的资源，并根据其品质和适用性成为造纸原料之一，可大大节约造纸中木材资源的用量。

废纸亦是印刷品，大都带有油墨，若不能很好地除去这些油墨，新生产的纸张就会发黑，产生斑点，导致纸张品质下降。在回收的废纸中也参杂有书籍装订用的黏胶和封面上粘贴的薄膜等许多异物，这些也会使成品纸张上留有色斑。造纸企业应最大限度利用回收来的废纸，致力于引进高效分离上述异物的技术，以及开发能从纸浆纤维中有效分离和除去油墨的化学、机械处理技术。但是并不是说只要提高造纸时的废纸配比就等于爱护环境，应该是各得其所地做到废纸利用。例如，辞典或教材使用了纸面有小斑点的纸张，就可能造成阅读错误。所以，重要的是要根据回收来的废纸品质，合理地加以再生利用。

并非所有的废纸都能被再生利用。在废纸中，像卷筒卫生纸就很难回收。热敏纸、一次性纸杯等也难以作为造纸原料再行利用。另外，即使是可以再生利用的废纸，经过多次再生使用后，纤维将会变得很脆弱，不能达到生产纸张的要求。

造纸企业的资源循环型经营模式

图片选自王子 (OJI) 集团 2011 社会环境报告书

后 记

时尚·环保·趋势·责任

手提纸袋一直是我的钟爱，平时购物后遇到喜欢的纸袋，总是不舍丢弃。

十多年前赴日本留学，见到商场里基本都采用纸袋包装，款式多样、规格齐全，设计精美，煞是喜欢，于是就有意收藏，意在日后作为设计参考。毕业回国后正遇国家发布《限塑令》，倡导环保、低碳，减少白色污染，许多企业纷纷转向使用纸袋。在纸袋的设计过程中对环保手提纸袋的原材料和生产工艺有了深一步的了解，发现选用环保手提纸袋不仅是以"纸"代"塑"的简单替换，而是涉及到合理利用森林资源、采用环保生产工艺以及对印刷油墨及粘合剂的选择。由于采用了柔印工艺，对设计也有一定的要求。于是就萌发了编写本书的想法，让环保的理念和设计思想得到推广。

赵佐良先生是从事包装设计四十余年的国家级设计大师，创作了众多脍炙人口的经典优秀包装作品，也是我尊敬的老师和长辈。他对手提纸袋的设计也非常关注，并对本书的编写出版给予了充分的肯定和期望，为此专为本书作序。本书编写过程中得到了王子控股株式会社中国总代表中嶋孝先生、王子控股株式会社中国副总代表暨中国制袋事业统括集团长孙义柱先生、中国制袋事业统括集团副集团长暨上海东王子包装有限公司副总经理朱亮先生、王子制纸管理（上海）有限公司王钢先生以及有关企业和高校专家们的热情帮助和有效支持。上海世纪文睿文化传播公司的领导和编辑老师也给予了大力支持，提供了平台和悉心的指导，让此书得以顺利出版。在这里一并表示衷心的感谢。

由于本人的才识和经验的不足，书中难免会有遗漏和不足之处，望请专家和读者指正，不胜感激。

我们手中的小小纸袋装着一个绿色的地球。环保是责任、是方向，让我们一起为之努力。

注：本书图片中的纸袋除本人收藏外，均由王子(OJI)集团 上海东王子包装有限公司提供。
本书图片摄影：关鸿、上海戏剧学院 11 级艺术设计视觉传达专业同学。

图书在版编目（CIP）数据

　　包容：身边的创意环保手提纸袋 / 陈晔编著. ——
上海：上海人民出版社，2014
　　ISBN 978-7-208-12239-0

　　Ⅰ.①包… Ⅱ.①陈… Ⅲ.①包袋－手工艺品－制作
Ⅳ.①TS973.5

　　中国版本图书馆CIP数据核字(2014)第077861号

出 品 人：邵　敏
责任编辑：张玉贞
装帧设计：陈　晔

世纪文睿出品
Century Literature

包容——身边的创意环保手提纸袋
陈晔 编著

出 版：世纪出版集团　上海人民出版社
　　　　（200001　上海福建中路193号　www.shsjwr.com）
出 品：世纪出版股份有限公司上海世纪文睿文化传播分公司
发 行：世纪出版股份有限公司发行中心
印 刷：上海中华商务联合印刷有限公司
开 本：889×1194　1/16
印 张：12
字 数：30 000
版 次：2014年8月第1版
印 次：2014年8月第1次印刷
ISBN 978-7-208-12239-0/J.368
定 价：78.00元

- -
本书内页用纸为江苏王子制纸有限公司尊玛128g／m²亚光铜版纸
- -